essentials

essentials liefern aktuelles Wissen in konzentrierter Form. Die Essenz dessen, worauf es als „State-of-the-Art" in der gegenwärtigen Fachdiskussion oder in der Praxis ankommt. *essentials* informieren schnell, unkompliziert und verständlich

- als Einführung in ein aktuelles Thema aus Ihrem Fachgebiet
- als Einstieg in ein für Sie noch unbekanntes Themenfeld
- als Einblick, um zum Thema mitreden zu können

Die Bücher in elektronischer und gedruckter Form bringen das Expertenwissen von Springer-Fachautoren kompakt zur Darstellung. Sie sind besonders für die Nutzung als eBook auf Tablet-PCs, eBook-Readern und Smartphones geeignet. *essentials:* Wissensbausteine aus den Wirtschafts, Sozial- und Geisteswissenschaften, aus Technik und Naturwissenschaften sowie aus Medizin, Psychologie und Gesundheitsberufen. Von renommierten Autoren aller Springer-Verlagsmarken.

Weitere Bände in der Reihe http://www.springer.com/series/13088

Guido Walz

Eigenwerte und Eigenvektoren von Matrizen

Klartext für Nichtmathematiker

Guido Walz
FB Informatik
Wilhelm Büchner Hochschule
Darmstadt, Hessen, Deutschland

ISSN 2197-6708 ISSN 2197-6716 (electronic)
essentials
ISBN 978-3-658-25660-9 ISBN 978-3-658-25661-6 (eBook)
https://doi.org/10.1007/978-3-658-25661-6

Die Deutsche Nationalbibliothek verzeichnet diese Publikation in der Deutschen Nationalbibliografie; detaillierte bibliografische Daten sind im Internet über http://dnb.d-nb.de abrufbar.

Springer Spektrum

Springer Spektrum ist ein Imprint der eingetragenen Gesellschaft Springer Fachmedien Wiesbaden GmbH und ist ein Teil von Springer Nature
Die Anschrift der Gesellschaft ist: Abraham-Lincoln-Str. 46, 65189 Wiesbaden, Germany

Was Sie in diesem *essential* finden können

- Grundlagen der Vektor- und Matrizenrechnung
- Methoden zur Bestimmung von Eigenwerten und Eigenvektoren
- Fundamentale Aussagen über die Vielfachheiten von Eigenvektoren
- Verfahren zur Diagonalisierung symmetrischer Natrizen

Einleitung

Eigenwerte und Eigenvektoren sind ein wichtiges Teilthema der Linearen Algebra, genauer gesagt der Matrizenrechnung. Die Bedeutung dieses Gebiets kann man beispielsweise an der Tatsache erkennen, dass man auch im angloamerikanischen Raum den Wortteil „Eigen" unübersetzt verwendet, man spricht dort also von eigenvalues und eigenvectors.

Um Ihnen einen allerersten Eindruck von der Materie zu geben: Wenn ein Vektor bei Multiplikation mit einer vorgegebenen Matrix nur gestreckt oder gestaucht, nicht aber in seiner Lage verändert wird, dann handelt es sich um einen Eigenvektor dieser Matrix; den Streckungsfaktor nennt man dann den zugehörigen Eigenwert.

Nein, einer Prüfung auf mathematische ~~Pedanterie~~ Exaktheit würde dieser Satz nicht standhalten, aber es geht ja auch nur um einen ersten Eindruck; die Exaktheit kommt ein paar Seiten weiter hinten.

In diesem Büchlein erfahren Sie also, wie man diese Eigenwerte und Eigenvektoren berechnen und was man so alles mit ihnen anstellen kann; beispielsweise kann man mit ihrer Hilfe symmetrische Matrizen diagonalisieren. Wenn Sie sich momentan – verständlicherweise – hierunter noch nichts vorstellen können, dann freuen Sie sich schon mal auf das dritte Kapitel.

Da sich der Text laut Untertitel ausdrücklich (auch) an Nichtmathematiker (und ebenso natürlich Nichtmathematikerinnen) wendet, habe ich im ersten Kapitel nochmal die wichtigsten Grundlagen der Matrizenrechnung zusammengefasst, die für das Verständnis der nachfolgenden Hauptinhalte des Buches benötigt werden. Aus Platzgründen wirklich nur das Allernotwendigste, versprochen.

Danken möchte ich an dieser Stelle meiner Kollegin Sabine Dorner, die mich auf einige ärgerliche Schreibfehler in der ersten Version dieses Skripts aufmerksam gemacht hat.

Und nun geht's endlich los. Ich wünsche Ihnen viel Spaß (das meine ich ernst!) beim Lesen der folgenden Seiten.

Inhaltsverzeichnis

Vektoren und Matrizen 1

Eigenwerte und Eigenvektoren, um die sich dieses Büchlein dreht, sind engstens mit dem Thema Matrizenrechnung verbunden. Nun werden Sie, liebe Leserin oder lieber Leser, möglicherweise bereits einige Kenntnisse über Matrizen haben; in diesem Fall dürfen Sie gerne dieses einführende Kapitel im Tiefflug durchgehen. Da sich das Buch aber laut Untertitel ausdrücklich auch an Nichtmathematiker wendet, kann ich als Autor solche Kenntnisse nicht voraussetzen und gebe auf den folgenden Seiten einen ganz kurzen Einblick in die Matrizenrechnung. Ich beschränke mich dabei auf das absolut Notwendigste. Versprochen.

1.1 Vektoren

Dieser Abschnitt wird recht kurz ausfallen, nicht zuletzt deswegen, weil Vektoren als spezielle Matrizen aufgefasst werden können (eine Bemerkung, die Sie natürlich erst im weiteren Verlauf richtig verstehen können) und ich daher einige Aussagen zu Vektoren erst später im allgemeinen Kontext machen werde. Dennoch ist der Begriff des Vektors so grundlegend, dass ich ihm hier ein paar Zeilen widme. Und damit sollte ich jetzt auch gleich beginnen.

> **Definition 1.1**
> Es seien $x_1, x_2, \ldots x_n$ reelle Zahlen. Ein Schema der Form

© Springer Fachmedien Wiesbaden GmbH, ein Teil von Springer Nature 2019
G. Walz, *Eigenwerte und Eigenvektoren von Matrizen,* essentials,
https://doi.org/10.1007/978-3-658-25661-6_1

$$v = \begin{pmatrix} x_1 \\ x_2 \\ \vdots \\ x_n \end{pmatrix} \tag{1.1}$$

heißt **Vektor mit n Komponenten** oder auch n**-dimensionaler Vektor.** Die Menge aller dieser Vektoren bezeichnet man als $\mathbb{R}^n$.

Plauderei
Vielleicht sind Sie von dieser Definition ein wenig überrascht, weil Sie sich unter dem Begriff Vektor eher irgendwelche Pfeilchen in der Ebene oder im Raum vorgestellt haben, die man verschieben und aneinanderheften kann und mit deren Hilfe so lustige Dinge wie Kräfteparallelogramme konstruierbar sind. Nun, das hat alles schon auch seine Berechtigung, aber es handelt sich dabei um grafische Veranschaulichungen von Vektoren, wenn man nämlich das, was ich oben definiert habe, als Koordinaten im n-dimensionalen Raum interpretiert.

Mit Vektoren kann man rechnen. Zunächst gebe ich an, wie man sie addiert und subtrahiert sowie mit Konstanten multipliziert. Das geschieht genau so, wie Sie sich das vermutlich schon gedacht haben, nämlich komponentenweise.

Definition 1.2
Es seien

$$v = \begin{pmatrix} x_1 \\ x_2 \\ \vdots \\ x_n \end{pmatrix} \quad \text{und} \quad w = \begin{pmatrix} y_1 \\ y_2 \\ \vdots \\ y_n \end{pmatrix}$$

zwei n-dimensionale Vektoren und a eine beliebige reelle Zahl. Dann ist die Summe der beiden Vektoren definiert als

$$v + w = \begin{pmatrix} x_1 + y_1 \\ x_2 + y_2 \\ \vdots \\ x_n + y_n \end{pmatrix}$$

und das a-fache des Vektors v als

$$a \cdot v = \begin{pmatrix} ax_1 \\ ax_2 \\ \vdots \\ ax_n \end{pmatrix}.$$

Viel falsch machen kann man hierbei eigentlich nicht, man muss lediglich beachten, dass man nur Vektoren derselben Dimension addieren kann, dass also für Vektoren mit unterschiedlicher Zahl von Komponenten keine Summe definiert ist.

Ich denke, Beispiele zu diesem Thema sind nicht nötig, stattdessen will ich lieber ein paar Worte darüber verlieren, dass man die beiden in Definition 1.2 definierten Operationen natürlich auch kombinieren und auf mehrere Vektoren ausweiten kann. Was dabei entsteht, nennt man eine Linearkombination dieser Vektoren. Als ~~Pedant~~ Mathematiker alter Schule packe ich diese Aussage in eine formale, zitierbare Definition:

Definition 1.3
Es seien $v_1, v_2, \ldots, v_k$ Vektoren derselben Dimension und $a_1, a_2, \ldots, a_k$ reelle Zahlen. Dann nennt man jeden Vektor $\mathbf{x}$, der in der Form

$$v = a_1 v_1 + a_2 v_2 + \cdots + a_k v_k$$

geschrieben werden kann, eine **Linearkombination** der Vektoren $v_1, v_2, \ldots, v_k$.

So ist beispielsweise der Vektor

$$v = \begin{pmatrix} 2 \\ -3 \end{pmatrix} \tag{1.2}$$

eine Linearkombination der Vektoren

$$v_1 = \begin{pmatrix} 2 \\ -2 \end{pmatrix} \quad \text{und } v_2 = \begin{pmatrix} 0 \\ 1 \end{pmatrix},$$

denn es ist

$$v = 1 \cdot v_1 + (-1) \cdot v_2,$$

was man natürlich üblicherweise in der Form $v = v_1 - v_2$ schreibt.

1.2   Matrizen

Eine Matrix ist im Gegensatz zu einem Vektor ein zweidimensionales Gebilde, also ein Schema, das nicht nur aus einer, sondern im Allgemeinen aus mehreren Spalten besteht; in gewissem Sinn ist eine Matrix also ein zu breit geratener Vektor. Formal korrekter (aber langweiliger) definiert man das so:

Definition 1.4
Es seien m und n natürliche Zahlen sowie $\{a_{ik}\}_{i=1,...,m,\ k=1,...,n}$ reelle Zahlen. Ein Schema der Form

$$A = \begin{pmatrix} a_{11} & a_{12} & \cdots & \cdots & a_{1n} \\ a_{21} & a_{22} & \cdots & \cdots & a_{2n} \\ \cdots & \cdots & \cdots & \cdots & \cdots \\ \cdots & \cdots & \cdots & \cdots & \cdots \\ a_{m1} & a_{m2} & \cdots & \cdots & a_{mn} \end{pmatrix}$$

heißt **Matrix** mit m Zeilen und n Spalten oder kurz $(m \times n)$-Matrix. Ist $m = n$, so nennt man A eine **quadratische Matrix**.

> **Plauderei**
> Eine Matrix ist also zunächst einmal nichts anderes als ein Schema zur übersichtlichen Notation von zweifach indizierten reellen Zahlen. Das Einzige, was man in diesem Stadium falsch machen kann, ist vermutlich die Schreibweise: Eine Matrix ist etwas anderes als eine Matratze (so weit ist das klar), und daher schreibt man den Plural „Matrizen" auch anders als den Plural „Matratzen".

Wenn ich es recht überlege, kann man vielleicht doch noch etwas anderes falsch machen, nämlich die Reihenfolge der Indizes. Beachten Sie daher: Der erste Index bezeichnet die Zeile, der zweite die Spalte, das Element a_{ij} steht also in der i-ten Zeile und j-ten Spalte der Matrix.

Da Matrizen offenbar engstens mit Vektoren verwandt sind – man kann einen Spaltenvektor ja als eine $(m \times 1)$-Matrix auffassen –, wird es nicht verwundern, dass die ersten Rechenregeln über das Addieren von Matrizen sowie das Multiplizieren einer Matrix mit einer reellen Zahl identisch sind mit denjenigen für Vektoren, wie sie in Definition 1.2 angegeben wurden. Ich will mich (und Sie) deswegen hier nicht mit einer formalen Definition aufhalten, sondern lieber gleich ein Beispiel geben:

Beispiel 1.1

Es seien

$$A = \begin{pmatrix} 2 & 0 & 1 \\ -1 & 1 & 1 \end{pmatrix} \quad \text{und} \quad B = \begin{pmatrix} 0 & -1 & 2 \\ 2 & 3 & -1 \end{pmatrix}$$

gegebene (2×3)-Matrizen. Dann ist

$$A + B = \begin{pmatrix} 2 & -1 & 3 \\ 1 & 4 & 0 \end{pmatrix}$$

und

$$3A = \begin{pmatrix} 6 & 0 & 3 \\ -3 & 3 & 3 \end{pmatrix}.$$

■

Nein, keine weiteren Beispiele hierzu, wir wollen uns ja schließlich nicht mit Lappalien aufhalten. Stattdessen gehe ich direkt über zur nächsten Rechenart, dem Malnehmen.

Definition 1.5 (Produkt zweier Matrizen)

Es seien

$$
A = \begin{pmatrix}
a_{11} & a_{12} & \cdots & \cdots & a_{1k} \\
a_{21} & a_{22} & \cdots & \cdots & a_{2k} \\
\cdots & \cdots & \cdots & \cdots & \cdots \\
\cdots & \cdots & \cdots & \cdots & \cdots \\
a_{m1} & a_{m2} & \cdots & \cdots & a_{mk}
\end{pmatrix}
$$

eine $(m \times k)$-Matrix und

$$
B = \begin{pmatrix}
b_{11} & b_{12} & \cdots & \cdots & b_{1n} \\
b_{21} & b_{22} & \cdots & \cdots & b_{2n} \\
\cdots & \cdots & \cdots & \cdots & \cdots \\
\cdots & \cdots & \cdots & \cdots & \cdots \\
b_{k1} & b_{k2} & \cdots & \cdots & b_{kn}
\end{pmatrix}
$$

eine $(k \times n)$-Matrix. Dann ist das Produkt $C = A \cdot B$ dieser beiden Matrizen die $(m \times n)$-Matrix

$$
C = \begin{pmatrix}
c_{11} & c_{12} & \cdots & \cdots & c_{1n} \\
c_{21} & c_{22} & \cdots & \cdots & c_{2n} \\
\cdots & \cdots & \cdots & \cdots & \cdots \\
\cdots & \cdots & \cdots & \cdots & \cdots \\
c_{m1} & c_{m2} & \cdots & \cdots & c_{mn}
\end{pmatrix},
$$

deren Einträge für alle vorkommenden i und j wie folgt zu berechnen sind:

$$
c_{ij} = a_{i1}b_{1j} + a_{i2}b_{2j} + \cdots + a_{ik}b_{kj}. \tag{1.3}
$$

Nein, ganz einfach ist das nicht, aber sollte Ihnen jemand gesagt haben, dass in der Mathematik alles ganz einfach ist, hat er ohnehin gelogen.

Allerdings ist das Allermeiste verständlich erklärbar, auch wenn viele Menschen das nicht glauben wollen, und so ist es auch mit dem Matrizenprodukt: Die Voraussetzung an die Formate der Matrizen A und B lautet in Worten einfach, dass die Anzahl der Spalten von A gleich der Anzahl der Zeilen von B sein muss; in der Definition habe ich diese Anzahl mit k bezeichnet. Die Ergebnismatrix C erbt dann von A die Zeilenzahl m und von B die Spaltenzahl n. Diese Voraussetzung ist insbesondere dann erfüllt, wenn A und B quadratische Matrizen desselben Formats sind; in diesem Fall ist auch C eine quadratische Matrix dieses Formats.

Die Berechnung der Elemente c_{ij} von C geschieht dann wie folgt: Man nimmt die Elemente der i-ten Zeile von A, also $a_{i1}, a_{i2}, \ldots, a_{ik}$, multipliziert sie komponentenweise mit den Elementen der j-ten Spalte von B, also $b_{1j}, b_{2j}, \ldots, b_{kj}$, und addiert diese Produkte auf. Nichts anderes steht – in gewohnt präziser mathematischer Kurzschreibweise – in Gl. (1.3).

Wie immer sollen einige Beispiele den Sachverhalt erläutern.

Beispiel 1.2

a) Es seien

$$A = \begin{pmatrix} 1 & 4 & 2 \\ 4 & 0 & -3 \end{pmatrix} \quad \text{und} \quad B = \begin{pmatrix} 1 & 1 & 0 \\ -2 & 3 & 5 \\ 0 & 1 & 4 \end{pmatrix}$$

gegebene Matrizen, in der Notation der Definition ist also $m = 2$, $k = 3$ und $n = 3$. Das Produkt sollte also eine (2×3)-Matrix sein, und tatsächlich ergibt sich

$$A \cdot B = \begin{pmatrix} -7 & 15 & 28 \\ 4 & 1 & -12 \end{pmatrix}.$$

b) Niemand hat behauptet, dass die Matrizen A und B verschieden sein müssen, vielmehr kann man auch das Produkt einer quadratischen Matrix A mit sich selbst berechnen, das man dann in vom Zahlenrechnen her gewohnter Notation mit A^2 bezeichnet. So berechnet man zum Beispiel, dass für

$$A = \begin{pmatrix} 3 & 0 & -2 \\ 1 & 2 & 5 \\ -3 & -1 & 0 \end{pmatrix}$$

gilt:

$$A^2 = \begin{pmatrix} 15 & 2 & -6 \\ -10 & -1 & 8 \\ -10 & -2 & 1 \end{pmatrix}.$$

c) Als letztes – und erstes negatives – Beispiel stelle ich das Problem, das Produkt

$$\begin{pmatrix} 1 & 1 & 3 \\ -2 & 0 & 5 \end{pmatrix} \cdot \begin{pmatrix} 2 & 3 \\ -1 & 3 \end{pmatrix}$$

zu berechnen. Da hier die Spaltenzahl der ersten Matrix nicht mit der Zeilenzahl der zweiten übereinstimmt, ist dieses Produkt jedoch *nicht* berechenbar. ■

1.3   Determinanten

Die Determinante ist die wichtigste Kennzahl einer quadratischen Matrix. Die Betonung liegt hier auf „Zahl", denn es handelt sich tatsächlich nicht um irgendein matrix- oder vektorartiges Konstrukt, sondern um eine schlichte reelle Zahl. Allerdings wird diese Zahl so raffiniert (und damit leider auch aufwendig) berechnet, dass sie eine Fülle von Informationen über die Matrix enthält.

Eine Determinante ist für quadratische Matrizen beliebiger Größe erklärt, aber wir fangen mal klein an und definieren die Determinante von (2×2)-Matrizen:

Definition 1.6

Die Determinante einer (2×2)-Matrix

$$A = \begin{pmatrix} a_{11} & a_{12} \\ a_{21} & a_{22} \end{pmatrix}$$

ist die Zahl

$$\det(A) = a_{11}a_{22} - a_{12}a_{21}.$$

Beispielsweise ist also

$$\det \begin{pmatrix} 2 & 1 \\ -1 & 3 \end{pmatrix} = 6 - (-1) = 7 \quad \text{und} \quad \det \begin{pmatrix} 0 & 2 \\ 2 & -1 \end{pmatrix} = 0 - 4 = -4.$$

Ich denke, viel mehr muss ich hierzu nicht sagen, wenden wir uns lieber im wahrsten Sinne des Wortes größeren Aufgaben zu, nämlich der Determinantenberechnung bei beliebigen quadratischen Matrizen. Die Vorgehensweise ist rekursiv: Man führt die Berechnung einer n-reihigen Determinante zurück auf die Berechnung mehrerer $(n - 1)$-reihiger Determinanten, deren Berechnung man wiederum zurückführt auf die Berechnung mehrerer $(n - 2)$-reihiger Determinanten, usw. Das macht man so lange, bis man bei 2-reihigen Determinanten angekommen ist, und wie man die berechnet, haben wir in Definition 1.6 gesehen.

Wie man nun diese ominöse Zurückführung durchführt, wird in folgender Definition angegeben.

Definition 1.7
Gegeben sei die $(n \times n)$-Matrix

$$
A = \begin{pmatrix}
a_{11} & a_{12} & \cdots & \cdots & a_{1n} \\
a_{21} & a_{22} & \cdots & \cdots & a_{2n} \\
\cdots & \cdots & \cdots & \cdots & \cdots \\
\cdots & \cdots & \cdots & \cdots & \cdots \\
a_{n1} & a_{n2} & \cdots & \cdots & a_{nn}
\end{pmatrix}.
$$

Für alle Indizes i und j aus $\{1, 2, \ldots, n\}$ bezeichne A_{ij} diejenige Matrix, die aus A durch Streichung der i-ten Zeile und j-ten Spalte hervorgeht; die A_{ij} sind also $((n-1) \times (n-1))$-Matrizen.
Dann ist die Determinante von A wie folgt zu berechnen:

$$
\det(A) = a_{11}\det(A_{11}) - a_{21}\det(A_{21}) \pm \cdots + (-1)^{n+1}a_{n1}\det(A_{n1}) \quad (1.4)
$$

Man nimmt also nacheinander die Elemente a_{i1} der ersten Spalte, multipliziert sie mit der Determinante der jeweiligen Determinante $\det(A_{i1})$ und addiert das Ganze, versehen mit wechselnden Vorzeichen, auf.

Besserwisserinfo
In der von den meisten Menschen ungeliebten, aber präzisen Summenschreibweise heißt (1.4):

$$
\det(A) = \sum_{i=1}^{n}(-1)^{i+1}a_{i1}\det(A_{i1}).
$$

Schon wieder etwas, was man umgangssprachlich nicht unbedingt mit dem Attribut „schön" belegen würde, aber was soll's, die Determinante ist eine ganz zentrale Größe in der linearen Algebra, da müssen ~~Sie~~ wir gemeinsam durch, und die folgenden Beispiele werden die Sache klar machen.

Beispiel 1.3

a) Es sei

$$A = \begin{pmatrix} 1 & 3 & 4 \\ 2 & 0 & 1 \\ 3 & 1 & 2 \end{pmatrix}.$$

Ich identifiziere zunächst die Matrizen A_{i1} und berechne deren Determinanten: Es ist

$$A_{11} = \begin{pmatrix} 0 & 1 \\ 1 & 2 \end{pmatrix}, \ A_{21} = \begin{pmatrix} 3 & 4 \\ 1 & 2 \end{pmatrix} \ \text{und} \ A_{31} = \begin{pmatrix} 3 & 4 \\ 0 & 1 \end{pmatrix},$$

also

$$\det(A_{11}) = -1, \ \det(A_{21}) = 2 \ \text{und} \ \det(A_{31}) = 3.$$

Damit wird

$$\det(A) = 1 \cdot (-1) - 2 \cdot 2 + 3 \cdot 3 = 4.$$

b) Nun berechne ich die Determinante von

$$B = \begin{pmatrix} -1 & 0 & 2 \\ 0 & 3 & 2 \\ 3 & -1 & -2 \end{pmatrix},$$

wobei ich diesmal auf die explizite Nennung der „Streichungsmatrizen" verzichte und gleich deren Determinante berechne. Es ist

$$\det(B) = (-1) \cdot (-6 + 2) - 0 \cdot (0 + 2) + 3 \cdot (0 - 6) = 4 - 0 - 18 = -14.$$

c) Als Beispiel einer (4×4)-Determinante betrachte ich die Matrix

$$C = \begin{pmatrix} 2 & 1 & 3 & 4 \\ 0 & 2 & 0 & 1 \\ 0 & 3 & 1 & 2 \\ -1 & -1 & 1 & 0 \end{pmatrix}.$$

Nach der Definition kann ich die Determinante dieser Matrix zunächst wie folgt umschreiben:

$$\det(C) = 2 \cdot \det \begin{pmatrix} 2 & 0 & 1 \\ 3 & 1 & 2 \\ -1 & 1 & 0 \end{pmatrix} - 0 \cdot \det \begin{pmatrix} 1 & 3 & 4 \\ 3 & 1 & 2 \\ -1 & 1 & 0 \end{pmatrix}$$

$$+ 0 \cdot \det \begin{pmatrix} 1 & 3 & 4 \\ 2 & 0 & 1 \\ -1 & 1 & 0 \end{pmatrix} - (-1) \cdot \det \begin{pmatrix} 1 & 3 & 4 \\ 2 & 0 & 1 \\ 3 & 1 & 2 \end{pmatrix}.$$

So hat man also eine vierreihige Determinante zunächst auf vier dreireihige zurückgeführt, wobei man sich hier um den zweiten und dritten Summanden gar nicht weiter kümmern muss, da beide gleich 0 sind. Die Werte der anderen beiden Determinanten sind 0 (bitte nachrechnen!) bzw. 4 (das war das erste Beispiel oben), sodass das Endergebnis lautet:

$$\det(C) = 2 \cdot 0 - (-1) \cdot 4 = 4. \qquad \blacksquare$$

Besserwisserinfo
Der Vollständigkeit halber sollte ich Ihnen noch sagen, wie man die Determinante einer (1×1)-Matrix A berechnet; nun, eine solche Matrix ist ja einfach eine reelle Zahl, also $A = (a_{11})$, und die Determinante einer solchen Matrix ist einfach gleich dieser Zahl, also $\det(A) = a_{11}$. Mehr gibt es darüber nicht zu sagen, der einzige Fehler, den man hier machen kann – und genau den sollten Sie dann auch vermeiden –, ist, dass man nicht diese Zahl, sondern ihren Betrag nimmt. Aber das wäre, wie gesagt, falsch.

Möglicherweise haben Sie sich bei Definition 1.7 ja gewundert, warum man nun gerade nach der ersten Spalte entwickeln muss, denn diese ist ja in keiner Weise gegenüber den anderen Spalten ausgezeichnet. Nun tatsächlich muss man nicht unbedingt die erste Spalte aussuchen, der nächste Satz, den man auch den Determinantenentwicklungssatz oder einfach Entwicklungssatz nennt, besagt, dass man nach jeder beliebigen Spalte und sogar nach jeder beliebigen Zeile entwickeln kann, das Ergebnis, also der Wert der Determinante, ist immer dasselbe.

Satz 1.1   (Entwicklungssatz)

Es sei A eine $(n \times n)$-Matrix und A_{ij} ihre Untermatrizen wie in Definition 1.7 bezeichnet. Dann gilt:

1. Ist j ein beliebiger Index aus der Menge $\{1, 2, \ldots, n\}$, so ist

$$\det(A) = (-1)^{1+j} a_{1j} \det(A_{1j}) + (-1)^{2+j} a_{2j} \det(A_{2j})$$
$$+ \cdots + (-1)^{n+j} a_{nj} \det(A_{nj})$$

Man nennt dies die Entwicklung nach der j-ten Spalte; für $j = 1$ ist dies gerade die Definition der Determinante.

2. Ist i ein beliebiger fester Index aus der Menge $\{1, 2, \ldots, n\}$, so ist

$$\det(A) = (-1)^{i+1} a_{i1} \det(A_{i1}) + (-1)^{i+2} a_{i2} \det(A_{i2})$$
$$+ \cdots + (-1)^{i+n} a_{in} \det(A_{in})$$

Man nennt dies die Entwicklung nach der i-ten Zeile.

Plauderei

Da eine $(n \times n)$-Matrix n Spalten und n Zeilen hat, hat man also $2n$ verschiedene Möglichkeiten, die Determinante zu berechnen. Rein theoretisch ist es völlig egal, für welche man sich entscheidet, aber in der Praxis sollte man natürlich eine solche Zeile oder Spalte nehmen, die möglichst viele Nullen enthält. Das wirklich Erstaunliche hierbei ist, dass dabei jedesmal dasselbe Ergebnis herauskommt.

Beispiel 1.4

Ich berechne die Determinante aus Beispiel 1.3 a), indem ich nach der zweiten Zeile entwickle. Es ergibt sich

$$\det \begin{pmatrix} 1 & 3 & 4 \\ 2 & 0 & 1 \\ 3 & 1 & 2 \end{pmatrix} = (-1) \cdot 2 \cdot (6-4) + 0 \cdot (2-12) + (-1) \cdot 1 \cdot (1-9) = -4+8 = 4$$

in Übereinstimmung mit dem obigen Ergebnis. ∎

Das wars auch schon in diesem einführenden Kapitel, ich hatte ja eingangs versprochen, mich auf das Allernotwendigste zu beschränken.

Eigenwerte und Eigenvektoren

2

2.1 Definition und erste Beispiele

Nachdem Sie sich im ersten Kapitel (wieder) mit den Grundlagen der Matrizenrechnung vertraut gemacht haben, können Sie das folgende in das eigentliche Thema einführende Beispiel leicht nachvollziehen:

Beispiel 2.1

Gegeben sei die Matrix

$$A = \begin{pmatrix} 5 & -8 \\ -1 & 3 \end{pmatrix}$$

und der Vektor

$$v = \begin{pmatrix} 4 \\ -1 \end{pmatrix}$$

Auch ein Vektor ist eine Matrix, wenn auch eine recht armselige, da er nur eine Spalte besitzt, und da die Anzahl der Spalten von A mit der Anzahl der Zeilen von v übereinstimmt, ist das Produkt Av nach den Regeln der Matrizenmultiplikation berechenbar; es ergibt sich

$$Av = \begin{pmatrix} 28 \\ -7 \end{pmatrix}$$

Vielleicht ist Ihnen aufgefallen, dass dieser Ergebnisvektor gerade das 7-Fache des Vektors v ist; zieht man diesen Faktor 7 heraus, kann man also schreiben:

© Springer Fachmedien Wiesbaden GmbH, ein Teil von Springer Nature 2019   15
G. Walz, *Eigenwerte und Eigenvektoren von Matrizen*, essentials,
https://doi.org/10.1007/978-3-658-25661-6_2

$$Av = 7v. \tag{2.1}$$

Gl. (2.1) besagt, dass die Multiplikation mit der Matrix A den Vektor v nicht in seiner Lage verändert, sondern lediglich eine Streckung um den Faktor 7 bewirkt. Man nennt einen solchen Vektor v einen Eigenvektor von A und (in diesem Fall) die Zahl 7 den zugehörigen Eigenwert. ∎

Und das sollte ich jetzt endlich einmal allgemein und sauber aufschreiben.

Definition 2.1
Es sei A eine $(n \times n)$-Matrix, also eine quadratische Matrix mit n Spalten und ebensovielen Zeilen. Gibt es eine Zahl λ und einen vom Nullvektor verschiedenen Vektor v, sodass die Gleichung

$$Av = \lambda v \tag{2.2}$$

erfüllt ist, so nennt man λ einen **Eigenwert** von A und v einen zugehörigen **Eigenvektor** von A.

Plauderei
Der Buchstabe λ ist das „lambda", also das kleine „ell" des griechischen Alphabets. Auch wenn Sie vielleicht griechische Buchstaben nicht mögen: Da müssen Sie durch, denn es ist zumindest in der Mathematik die übliche Bezeichnung für Eigenwerte. Außerdem habe ich in meiner Jugend fünf Jahre lang Griechisch lernen müssen, das muss sich ja irgendwann einmal auszahlen, und daher benutze ich persönlich gerne griechische Buchstaben.

Bemerkungen
1. Dass der Nullvektor, nennen wir ihn **0**, als Eigenvektor nicht zulässig ist, liegt daran, dass die Gleichung

$$A\mathbf{0} = \lambda\mathbf{0}$$

für jede Matrix A und jede Zahl λ erfüllt ist und somit keinerlei Erkenntnisgewinn bringt.

2. Ein Eigenvektor ist niemals eindeutig bestimmt. Hat man nämlich zu gegebener Matrix A einen Vektor v und eine Zahl λ gefunden, sodass $Av = \lambda v$ gilt, so kann man diesen Vektor mit einer beliebigen Zahl $\alpha \neq 0$ multiplizieren. Die Gleichung $A\alpha v = \lambda \alpha v$ ist wegen $A\alpha v = \alpha A v$ und $\lambda \alpha v = \alpha \lambda v$ ebenfalls richtig, also ist auch αv ein Eigenvektor von A.

3. Wie in Beispiel 2.1 schon geschrieben wurde besagt Gl. (2.2), dass der Vektor v durch die Multiplikation mit der Matrix A nicht in seiner Lage verändert, sondern lediglich um den Faktor λ gestreckt bzw. gestaucht sowie – falls λ negativ ist – in seiner Richtung umgekehrt wird.

Besserwisserinfo

Beachten Sie, dass auf beiden Seiten der Gl. (2.2) zwei völlig verschiedene Multiplikationen stattfinden: Links wird eine Matrix mit einem Vektor multipliziert, rechts wird ein Vektor, also jede seiner Komponenten, mit einer Zahl multipliziert. Da das Ergebnis aber beide Male ein Vektor ist, ist die Gleichung dennoch sinnvoll.

Ein erstes Beispiel hatte ich Ihnen oben schon gezeigt, ein weiteres kann sicher nicht schaden und folgt deswegen gleich.

Bemerkung

Bevor Sie sich die Kugel geben, weil Sie weder in Beispiel 2.1 noch im folgenden Beispiel 2.2 nachvollziehen können, wie der ~~hinterhältige~~ didaktisch geschickte Autor Eigenwert und Eigenvektor ermittelt hat: Das können Sie bisher auch nicht, das werde ich erst im nächsten Abschnitt angeben; hier fallen diese Werte erst einmal vom Himmel, um die Beispiele kompakter gestalten zu können.

Beispiel 2.2

Wir betrachten die Matrix

$$A = \begin{pmatrix} 2 & -3 & 1 \\ 3 & 1 & 3 \\ -5 & 2 & -4 \end{pmatrix}$$

(Typisches Mathematikerdeutsch: Vom Betrachten allein werden wir wohl nicht schlauer, aber es hat sich halt so eingebürgert).

a) Ich behaupte, dass $\lambda_1 = 1$ ein Eigenwert dieser Matrix ist, und

$$v_1 = \begin{pmatrix} -1 \\ 0 \\ 1 \end{pmatrix}$$

ein zugehöriger Eigenvektor. Um das zu belegen, berechne ich das Produkt Av_1 und finde

$$Av_1 = \begin{pmatrix} 2 & -3 & 1 \\ 3 & 1 & 3 \\ -5 & 2 & -4 \end{pmatrix} \cdot \begin{pmatrix} -1 \\ 0 \\ 1 \end{pmatrix} = \begin{pmatrix} -1 \\ 0 \\ 1 \end{pmatrix} = v_1.$$

Es gilt also $Av_1 = 1 \cdot v_1$, und somit ist die Eigenwertgleichung mit $\lambda_1 = 1$ erfüllt.

b) Der Nullvektor $\mathbf{0}$ kann niemals ein Eigenvektor sein, aber kein Mensch hat behauptet, dass die Zahl 0 kein Eigenwert sein darf; im Gegenteil kommt das gar nicht so selten vor. Multipliziere ich beispielsweise die Matrix A mit dem ebenfalls von Himmel gefallenen Vektor

$$v_2 = \begin{pmatrix} 10 \\ 3 \\ -11 \end{pmatrix},$$

erhalte ich

$$Av_2 = \begin{pmatrix} 2 & -3 & 1 \\ 3 & 1 & 3 \\ -5 & 2 & -4 \end{pmatrix} \cdot \begin{pmatrix} 10 \\ 3 \\ -11 \end{pmatrix} = \begin{pmatrix} 0 \\ 0 \\ 0 \end{pmatrix},$$

was man auch in der Form $Av_2 = 0 \cdot v_2$ schreiben kann. Daher ist 0 ein Eigenwert zum Eigenvektor v_2.   ■

2.2   Berechnung der Eigenwerte

Es gibt Situationen, in denen weder Eigenwerte noch Eigenvektoren vom Himmel fallen; beispielsweise ist das in geschlossenen Räumen eher selten der Fall. Wie ermittelt man dann konstruktiv die Eigenwerte einer gegebenen Matrix? Um der Antwort auf diese Frage näher zu kommen, mache ich zunächst etwas, was Mathematiker für ihr Leben gern tun: Ich mache die Gleichung $Av = \lambda v$ (scheinbar) unnötig komplizierter, indem ich auf der rechten Seite noch die Einheitsmatrix I einschiebe. Wie Sie vielleicht wissen ändert eine Multiplikation mit dieser Matrix nichts, es gilt also

$$I v = v$$

für jeden Vektor v, und daher kann ich die Eigenwertgleichung (2.2) auch in der Form

$$Av = \lambda I v$$

schreiben. Bringe ich nun noch alles auf die linke Seite und klammere zu allem Übel auch noch v aus, erhalte ich die Gleichung

$$(A - \lambda I)v = \mathbf{0}. \tag{2.3}$$

Das Produkt der Matrix $(A - \lambda I)$ mit dem Vektor v muss also den Nullvektor ergeben. Da v als Eigenvektor nicht der Nullvektor sein darf, kann das nur der Fall sein, wenn die Matrix nicht den vollen Rang hat, mit anderen Worten, wenn ihre Determinante gleich null ist. Und genau das benutzt man, um die Eigenwerte konstruktiv zu berechnen:

Satz 2.1

Es sei A eine $(n \times n)$-Matrix und I die gleichgroße Einheitsmatrix. Eine Zahl λ ist genau dann Eigenwert von A, wenn

$$\det(A - \lambda I) = 0$$

ist.

Als ersten Test für die Aussage dieses Satzes schauen wir uns die Matrix

$$A = \begin{pmatrix} 2 & -3 & 1 \\ 3 & 1 & 3 \\ -5 & 2 & -4 \end{pmatrix}$$

mit zugehörigem Eigenwert $\lambda_1 = 1$ aus Beispiel 2.2 an. Hier ist

$$A - \lambda_1 I = \begin{pmatrix} 2 & -3 & 1 \\ 3 & 1 & 3 \\ -5 & 2 & -4 \end{pmatrix} - 1 \cdot \begin{pmatrix} 1 & 0 & 0 \\ 0 & 1 & 0 \\ 0 & 0 & 1 \end{pmatrix} = \begin{pmatrix} 1 & -3 & 1 \\ 3 & 0 & 3 \\ -5 & 2 & -5 \end{pmatrix}.$$

Entwickelt man beispielsweise nach der zweiten Zeile, erhält man

$$\det(A - \lambda_1 I) = \det \begin{pmatrix} 1 & -3 & 1 \\ 3 & 0 & 3 \\ -5 & 2 & -5 \end{pmatrix} = (-3) \cdot (15 - 2) + (-3) \cdot (2 - 15) = 0.$$

Dieser Test – mit Absicht habe ich diese Rechnung nicht als Beispiel bezeichnet – sollte Sie aber nicht auf die falsche Denkweise führen: Die Aussage von Satz 2.1 ist nicht als nachträglicher Test gedacht, sondern wird als Ansatz genutzt, um konstruktiv die Eigenwerte zu bestimmen. Dazu ist es hilfreich zu wissen, was für eine Struktur $\det(A - \lambda I)$ überhaupt hat; genau das beantwortet der nächste Satz.

Satz 2.2

*Es sei A eine $(n \times n)$-Matrix. Als Funktion von λ ist $\det(A - \lambda I)$ ein Polynom (eine ganzrationale Funktion) n-ten Grades. Man nennt es **charakteristisches Polynom** von A und bezeichnet es meist mit $p_A(\lambda)$, also*

$$p_A(\lambda) = \det(A - \lambda I)$$

Einen formalen Beweis will ich hier nicht geben, wohl aber die Aussage plausibel machen; hierzu betrachte ich den Fall $n = 3$ und schreibe die Matrix $(A - \lambda I)$ einmal explizit auf. Ich finde

$$A - \lambda I = \begin{pmatrix} a_{11} - \lambda & a_{12} & a_{13} \\ a_{21} & a_{22} - \lambda & a_{23} \\ a_{31} & a_{32} & a_{33} - \lambda \end{pmatrix}$$

Berechnet man die Determinante dieser Matrix beispielsweise durch Entwicklung nach der ersten Spalte, erhält man im ersten Schritt

$$\det(A - \lambda I) = (a_{11} - \lambda) \cdot ((a_{22} - \lambda)(a_{33} - \lambda) - a_{32}a_{23})$$
$$- a_{21} \cdot (a_{12}(a_{33} - \lambda) - a_{32}a_{13})$$
$$+ a_{31}(a_{12}a_{23} - (a_{22} - \lambda)a_{13}).$$

Multipliziert man das nun alles aus und fasst zusammen (wozu vermutlich weder Sie noch ich Lust haben), erhält man eine Summe von mit Konstanten multiplizierten λ-Potenzen, deren höchste – bewirkt durch den Faktor $(a_{11} - \lambda)(a_{22} - \lambda)$ $(a_{33} - \lambda)$ – gleich 3 ist; mit anderen Worten: wie behauptet ein Polynom dritten Grades.

Und prinzipiell ganz genauso geht das bei größeren Matrizen auch, weshalb ich hier auf die explizite Durchführung im allseitigen Interesse verzichten will.

Mit der in Satz 2.2 angegebenen Bezeichnungsweise kann man Satz 2.1 wie folgt umformulieren:

Satz 2.3

Es sei A eine eine $(n \times n)$-Matrix. Eine Zahl λ ist genau dann Eigenwert von A, wenn sie Nullstelle des charakteristischen Polynoms von A ist.

Da ein Polynom n-ten Grades höchstens n Nullstellen haben kann, hat die Matrix A höchstens n Eigenwerte.

Das Problem, Eigenwerte zu bestimmen, ist also reduziert auf das Problem, Nullstellen eines Polynoms zu berechnen. Zumindest für kleingradige Polynome kriegen wir das hin, für höhere Grade müssen eben numerische Verfahren wie bspw. das Newton-Verfahren her. Probieren wir es aus (das Hinkriegen, nicht das Newton-Verfahren).

Beispiel 2.3

Noch ein letztes Mal recycle ich die Matrix A aus Beispiel 2.2, also

$$A = \begin{pmatrix} 2 & -3 & 1 \\ 3 & 1 & 3 \\ -5 & 2 & -4 \end{pmatrix}$$

Ihr charakteristisches Polynom lautet:

$$p_A(\lambda) = \det \begin{pmatrix} 2-\lambda & -3 & 1 \\ 3 & 1-\lambda & 3 \\ -5 & 2 & -4-\lambda \end{pmatrix}$$

$$= (2-\lambda)((1-\lambda)(-4-\lambda) - 6) + 3(3(-4-\lambda) + 15) + 1(6 + 5(1-\lambda))$$

$$= -\lambda^3 - \lambda^2 + 2\lambda,$$

wobei ich nach der ersten Zeile entwickelt habe. Das Zusammenfassen zur letzten Zeile habe ich übrigens auch nicht im Kopf erledigt sondern ein/zwei Zwischenschritte auf Notizpapier erledigt.

Offensichtlich hat das Polynom p_A die Nullstelle $\lambda_2 = 0$; dividiert man diese aus, verbleibt das quadratische Polynom $-\lambda^2 - \lambda + 2$ mit den Nullstellen $\lambda_1 = 1$ und $\lambda_3 = -2$. Wir haben also drei verschiedene Eigenwerte der Matrix A gefunden, und mehr kann sie nach Satz 2.3 auch nicht haben. ∎

Beispiel 2.4

Das charakteristische Polynom einer Diagonalmatrix D, also einer Matrix der Form

$$D = \begin{pmatrix} d_1 & 0 & 0 & \cdots & 0 \\ 0 & d_2 & 0 & \cdots & 0 \\ \vdots & \ddots & \ddots & \ddots & \vdots \\ \vdots & & \ddots & \ddots & 0 \\ 0 & 0 & \cdots & 0 & d_n \end{pmatrix}$$

lautet

$$p_D(\lambda) = \det(D - \lambda I) = \det \begin{pmatrix} d_1 - \lambda & 0 & 0 & \cdots & 0 \\ 0 & d_2 - \lambda & 0 & \cdots & 0 \\ \vdots & & \ddots & \ddots & \vdots \\ \vdots & & & \ddots & 0 \\ 0 & 0 & \cdots & 0 & d_n - \lambda \end{pmatrix}$$

$$= (d_1 - \lambda)(d_2 - \lambda) \cdots (d_n - \lambda).$$

Ausmultiplizieren empfiehlt sich hier in keinster Weise, vielmehr sollte man das Polynom in dieser Form stehen lassen, denn hier erkennt man sofort, dass es die n Nullstellen $d_1, d_2, \ldots, d_n$ hat, die Matrix D also genau diese Eigenwerte (die nicht unbedingt alle verschieden sein müssen). $\blacksquare$

2.3 Bestimmung der Eigenvektoren

Die Bestimmung eines Eigenwerts ist, wie wir im letzten Abschnitt gesehen haben, ohne Kenntnis des zugehörigen Eigenvektors möglich. Das Umgekehrte ist nicht der Fall, d. h., um einen Eigenvektor zu bestimmen, benötigt man zuvor den Eigenwert.

Wie man dann weiter vorgeht, zeige ich Ihnen im nächsten Textkasten.

Bestimmung eines Eigenvektors einer Matrix A bei bekanntem Eigenwert λ

- Man schreibt das Lineare Gleichungssystem $(A - \lambda I)v = \mathbf{0}$ explizit (also zeilenweise) auf; die Unbekannten sind dabei die Komponenten des Vektors v
- Man bestimmt die Lösung des Systems, beispielsweise mit dem Gauß-Verfahren (Dieses Thema kann ich hier aus Platzgründen nicht schildern, Sie können es aber bspw. in Walz (2018) nachlesen.)
- Da die Matrix $A - \lambda I$ nicht regulär (invertierbar) ist, hat das System keine eindeutige Lösung; man setzt eine der Unbekannten beliebig fest und löst nach den verbliebenen auf

Es hilft ja nichts, wir werden diese Vorgehensweise durch Beispiele illustrieren müssen; keine Sorge, ich bin bei Ihnen – falls es nicht gerade das ist, was Ihnen Sorge bereitet.

Beispiel 2.5

In Beispiel 2.3 hatte ich behauptet, dass ich die dort betrachtete Matrix

$$A = \begin{pmatrix} 2 & -3 & 1 \\ 3 & 1 & 3 \\ -5 & 2 & -4 \end{pmatrix}$$

zum letzten Mal benutzen würde.

Das war gelogen.

Denn wenn ich mir dort schon die Mühe gemacht habe, die drei Eigenwerte zu berechnen, warum sollte ich dieses Wissen nicht jetzt benutzen, um gleich noch die zugehörigen Eigenvektoren zu bestimmen? Gehen wir's also an.

a) $\lambda_1 = 1$.

In diesem Fall lautet das zu lösende Gleichungssystem

$$A \cdot \begin{pmatrix} x \\ y \\ z \end{pmatrix} = 1 \cdot \begin{pmatrix} x \\ y \\ z \end{pmatrix},$$

wobei ich die Koeffizienten des gesuchten Vektors v_1 mit x, y, z bezeichnet habe.

Schreibt man dies zeilenweise auf und bringt gleich noch alles auf die linke Seite, erhält man das System

$$\begin{aligned} x - 3y + z &= 0 \\ 3x \qquad\quad + 3z &= 0 \\ -5x + 2y - 5z &= 0 \end{aligned}$$

Zieht man nun das Dreifache der ersten Zeile von der dritten ab und addiert das Fünffache der ersten Zeile auf die dritte, erhält man

$$\begin{aligned} x - 3y + z &= 0 \\ 9y \qquad &= 0 \\ -13y \qquad &= 0 \end{aligned}$$

also $y = 0$ und $x = -z$. Setzt man beispielsweise $z = 1$, so erhält man den Eigenvektor

$$v_1 = \begin{pmatrix} -1 \\ 0 \\ 1 \end{pmatrix},$$

den ich in Beispiel 2.2 bereits präsentiert hatte, ohne dort allerdings zu sagen, wie man darauf kommt; jetzt wissen Sie's.

b) $\lambda_2 = 0$.

Auch hierzu hatte ich in Beispiel 2.2 schon einen Eigenvektor angegeben; schauen wir mal, ob wir den auch durch die oben beschriebene Methode wiederfinden.

Zu Lösen ist hier das System

$$A \cdot \begin{pmatrix} x \\ y \\ z \end{pmatrix} = \mathbf{0},$$

also

$$\begin{aligned} 2x - 3y + z &= 0 \\ 3x + y + 3z &= 0 \\ -5x + 2y - 4z &= 0 \end{aligned}$$

Der Gauß-Algorithmus macht hieraus

$$\begin{aligned} 2x - 3y + z &= 0 \\ 11y + 3z &= 0 \\ 0 &= 0 \end{aligned}$$

Wenn man, wie ich, keine Brüche mag, kann man beispielsweise $z = -11$ setzen; aus der zweiten Zeile folgt dann $y = 3$, und aus der ersten $x = 10$. Eigenvektor zu $\lambda_2 = 0$ ist also

$$v_2 = \begin{pmatrix} 10 \\ 3 \\ -11 \end{pmatrix},$$

wie in Beispiel 2.2 behauptet.

c) Den Eigenvektor zum dritten Eigenwert $\lambda_3 = -2$ kennen wir noch nicht; jedenfalls ich nicht, vielleicht sehen Sie ihn ja mit bloßem Auge.

Falls nicht, müssen Sie das Gleichungssystem

$$A \cdot \begin{pmatrix} x \\ y \\ z \end{pmatrix} = -2 \cdot \begin{pmatrix} x \\ y \\ z \end{pmatrix},$$

lösen, also

$$4x - 3y + z = 0$$
$$3x + 3y + 3z = 0$$
$$-5x + 2y - 2z = 0$$

Wiederum bemühe ich den Kollegen Gauß; ich tausche die ersten beiden Zeilen und addiere anschließend geeignete Vielfache der neuen ersten Zeile auf die anderen beiden. Dies liefert

$$x + y + z = 0$$
$$7y + 3z = 0$$
$$0 = 0$$

Ein Eigenvektor zu $\lambda_3 = -2$ ist daher

$$v_3 = \begin{pmatrix} 4 \\ 3 \\ -7 \end{pmatrix}.$$

$\blacksquare$

2.4   Mehrfache Eigenwerte

Ein Eigenwert einer Matrix ist, wie wir gesehen haben, stets Nullstelle des charakteristischen Polynoms der Matrix. Da ein Polynom auch mehrfache Nullstellen haben kann, macht es sicherlich Sinn, auch von mehrfachen Eigenwerten zu sprechen.

Tatsächlich muss man noch etwas genauer sein, da es bei Eigenwerten zwei verschiedene Arten von Vielfachheiten gibt. (Was ich damit genau meine wird ~~vielleicht niemals~~ am Ende dieses Abschnitts klar sein.)

Die im ersten Abschnitt angesprochene Sichtweise ist die aus Sicht der Algebra, und daraus erklärt sich die folgende Bezeichnung:

Definition 2.2
Ist λ eine k-fache Nullstelle des charakteristischen Polynoms p_A einer Matrix A, so nennt man k die **algebraische Vielfachheit** des Eigenwerts λ von A und bezeichnet sie mit

$$k_a(A, \lambda).$$

Beispiel 2.6

Das charakteristische Polynom der Matrix

$$A = \begin{pmatrix} 1 & 2 & 3 \\ 0 & 1 & 2 \\ 0 & 0 & 42 \end{pmatrix}$$

lautet

$$p_A(\lambda) = (1 - \lambda)^2 (42 - \lambda).$$

Offensichtlich hat es die doppelte Nullstelle $\lambda = 1$ und die einfache $\lambda = 42$. In der neu eingeführten Bezeichnungsweise ist also $k_a(A, 1) = 2$ und $k_a(A, 42) = 1$. $\blacksquare$

So weit, so gut. Um Ihnen aber zu zeigen, dass man auch bei Matrizen, die dieselben Eigenwerte mit denselben (algebraischen) Vielfachheiten haben, noch genauer hinschauen muss, folgendes Beispiel:

Beispiel 2.7

Die beiden Matrizen

$$A_1 = \begin{pmatrix} 1 & 1 \\ 0 & 1 \end{pmatrix} \quad \text{und} \quad A_2 = \begin{pmatrix} 1 & 0 \\ 0 & 1 \end{pmatrix}$$

haben dasselbe charakteristische Polynom, nämlich

$$p_{A_1}(\lambda) = p_{A_2}(\lambda) = (1 - \lambda)^2,$$

und somit auch denselben Eigenwert $\lambda = 1$ mit derselben algebraischen Vielfachheit

$$k_a(A_1, 1) = k_a(A_2, 1) = 2.$$

Dennoch gibt es einen prinzipiellen Unterschied zwischen den beiden Situationen, und den erkennt man, wenn man noch die Eigenvektoren bestimmt.

Um einen Eigenvektor v von A_1 zu finden muss ich das System $(A_1 - I)v = \mathbf{0}$ lösen, also

$$\begin{pmatrix} 0 & 1 \\ 0 & 0 \end{pmatrix} \cdot \begin{pmatrix} x \\ y \end{pmatrix} = \begin{pmatrix} 0 \\ 0 \end{pmatrix}.$$

Offenbar lösen alle Vielfachen des Vektors $\begin{pmatrix} 1 \\ 0 \end{pmatrix}$ dieses System, und auch nur diese. Die Menge aller Eigenvektoren zu $\lambda = 1$ von A_1 ist also ein eindimensionaler Raum.

Eigenvektoren von A_2 müssen Lösung des Gleichungssystems

$$\begin{pmatrix} 0 & 0 \\ 0 & 0 \end{pmatrix} \cdot \begin{pmatrix} x \\ y \end{pmatrix} = \begin{pmatrix} 0 \\ 0 \end{pmatrix}$$

sein. Davon gibt es gelinde gesagt eine ganze Menge, genauer ist jeder Vektor aus $\mathbb{R}^2$ ein Eigenvektor von A_2. Die Menge aller Eigenvektoren zu $\lambda = 1$ von A_2 ist also ein zweidimensionaler Raum. $\blacksquare$

Es kommt also vor, dass derselbe Eigenwert bei „fast" derselben Matrix unterschiedlich dimensionierte Mengen von Eigenvektoren besitzt; dies führt zur folgenden Definition.

Definition 2.3

Ist λ ein Eigenwert einer $(n \times n)$-Matrix A mit zugehörigen Eigenvektoren $v_1, \ldots, v_j$, so bezeichnet man den von diesen Vektoren aufgespannten linearen Raum als **Eigenraum** von λ und bezeichnet ihn mit $\operatorname{Eig}_A(\lambda)$. Es ist also

$$\operatorname{Eig}_A(\lambda) = \{v \in \mathbb{R}^n \mid v = a_1 v_1 + \cdots + a_j v_j; a_1, \ldots a_j \in \mathbb{R}\}.$$

Die Dimension von $\operatorname{Eig}_A(\lambda)$ nennt man **geometrische Vielfachheit** von λ und bezeichnet sie mit

$$k_g(A, \lambda).$$

Man kann zeigen, dass die geometrische Vielfachheit eines Eigenvektors niemals größer sein kann als seine algebraische Vielfachheit; genauer gilt:

Satz 2.4

Ist A eine $(n \times n)$-Matrix und λ ein Eigenwert von A, so gilt

$$1 \le k_g(A, \lambda) \le k_a(A, \lambda) \le n.$$

Es wird Sie kaum mehr wundern, dass ich auch hierzu, bzw. generell zur Bestimmung der algebraischen und geometrischen Vielfachheit, einige Beispiele angebe.

Beispiel 2.8

a) Mein erstes Beispiel verallgemeinert das Ergebnis von Beispiel 2.7: Die n-reihige Einheitsmatrix

$$I_n = \begin{pmatrix} 1 & 0 & 0 & \cdots & 0 \\ 0 & 1 & 0 & \cdots & 0 \\ \vdots & \ddots & \ddots & \ddots & \vdots \\ \vdots & & & \ddots & 0 \\ 0 & 0 & \cdots & 0 & 1 \end{pmatrix}$$

hat das charakteristische Polynom $p_{I_n}(\lambda) = (1 - \lambda)^n$. Sie hat somit nur den Eigenwert $\lambda = 1$ mit der algebraischen Vielfachheit $k_a(I_n, 1) = n$. Andererseits besteht der Eigenraum aus dem gesamten $\mathbb{R}^n$, also ist auch $k_g(I_n, 1) = n$.

b) Nun geht es um die Matrix

$$A_3 = \begin{pmatrix} 0 & 2 & -1 \\ 2 & -1 & 1 \\ 2 & -1 & 3 \end{pmatrix}$$

Ihr charakteristisches Polynom lautet

$$p_{A_3}(\lambda) = \det \begin{pmatrix} -\lambda & 2 & -1 \\ 2 & -1-\lambda & 1 \\ 2 & -1 & 3-\lambda \end{pmatrix} = -\lambda^3 + 2\lambda^2 + 4\lambda - 8.$$

Es hat die doppelte Nullstelle $\lambda_1 = 2$ und die einfache Nullstelle $\lambda_2 = -2$, in der neuen Bezeichnungsweise ist also

$$k_a(A_3, 2) = 2 \quad \text{und} \quad k_a(A_3, -2) = 1.$$

Um die geometrische Vielfachheit von $\lambda_1 = 2$ zu berechnen bestimme ich zunächst die Eigenvektoren. Hierzu muss ich das System $(A_3 - 2I)v = \mathbf{0}$ lösen, explizit geschrieben also

$$\begin{pmatrix} -2 & 2 & -1 \\ 2 & -3 & 1 \\ 2 & -1 & 1 \end{pmatrix} \cdot \begin{pmatrix} x \\ y \\ z \end{pmatrix} = \begin{pmatrix} 0 \\ 0 \\ 0 \end{pmatrix}$$

wobei ich die Komponenten des Eigenvektors mit x, y und z bezeichnet habe.

Das Gauß-Verfahren (Sie erinnern sich vage?) macht hieraus

$$\begin{pmatrix} -2 & 2 & -1 \\ 0 & -1 & 0 \\ 0 & 1 & 0 \end{pmatrix} \cdot \begin{pmatrix} x \\ y \\ z \end{pmatrix} = \begin{pmatrix} 0 \\ 0 \\ 0 \end{pmatrix}$$

und schließlich

$$\begin{pmatrix} -2 & 2 & -1 \\ 0 & 1 & 0 \\ 0 & 0 & 0 \end{pmatrix} \cdot \begin{pmatrix} x \\ y \\ z \end{pmatrix} = \begin{pmatrix} 0 \\ 0 \\ 0 \end{pmatrix}$$

Also ist $y = 0$ und $z = -2x$, der Eigenraum besteht also nur aus Vielfachen des Vektors $v_1 = \begin{pmatrix} -1 \\ 0 \\ 2 \end{pmatrix}$ und somit ist $k_g(A_3, 2) = 1$. Die geometrische Vielfachheit des Eigenwerts $\lambda_1 = 2$ ist also kleiner als die algebraische.

Um die geometrische Vielfachheit von $\lambda_2 = -2$ zu bestimmen, muss man nicht rechnen, denn da die algebraische Vielfachheit gleich 1 ist, muss dies nach Satz 2.4 auch für die geometrische gelten; der Satz liefert hier die Einschließung

$$1 \le k_g(A_3, -2) \le k_a(A_3, -2) = 1,$$

also $k_g(A_3, -2) = 1$. Das ist bei Eigenwerten, deren algebraischen Vielfachheit gleich 1 ist, immer der Fall. Behalten Sie das im Gedächtnis, es kann im Ernstfall (was auch immer das sein mag) viel Schreib- und Rechenarbeit ersparen. ∎

Ich denke, damit ist es genug mit diesem doch etwas trockeneren Thema. Ich hoffe, es ist zumindest – wie zu Beginn dieses Abschnitts behauptet – klar geworden, dass es zwei verschiedene Arten von Vielfachheiten eines Eigenwerts gibt.

Gehen wir über zu etwas, was man zumindest dem Wortklang nach mit etwas Schönem verbindet: der Symmetrie.

Symmetrische Matrizen

3

3.1 Eigenwerte und Eigenvektoren symmetrischer Matrizen

In diesem Kapitel geht es, wie der Titel schon zart andeutet, um symmetrische Matrizen, denn diese kommen zum einen recht häufig vor, und haben zum anderen in Hinblick auf Eigenwerte und Eigenvektoren bemerkenswerte Eigenschaften. Bevor ich darauf eingehe, sollte ich natürlich zunächst einmal definieren, was man unter einer symmetrischen Matrix versteht. Und dazu wiederum brauche ich leider noch einen anderen Begriff, nämlich den der transponierten Matrix:

Definition 3.1

Ist

$$
A = \begin{pmatrix}
a_{11} & a_{12} & \cdots & \cdots & a_{1n} \\
a_{21} & a_{22} & \cdots & \cdots & a_{2n} \\
\cdots & \cdots & \cdots & \cdots & \cdots \\
\cdots & \cdots & \cdots & \cdots & \cdots \\
\cdots & \cdots & \cdots & \cdots & \cdots \\
a_{n1} & a_{n2} & \cdots & \cdots & a_{nn}
\end{pmatrix}
$$

eine gegebene quadratische Matrix, so ist ihre **transponierte Matrix** A^t definiert als

$$
A^t = \begin{pmatrix}
a_{11} & a_{21} & \cdots & \cdots & a_{n1} \\
a_{12} & a_{22} & \cdots & \cdots & a_{n2} \\
\cdots & \cdots & \cdots & \cdots & \cdots \\
\cdots & \cdots & \cdots & \cdots & \cdots \\
\cdots & \cdots & \cdots & \cdots & \cdots \\
a_{1n} & a_{2n} & \cdots & \cdots & a_{nn}
\end{pmatrix}
$$

© Springer Fachmedien Wiesbaden GmbH, ein Teil von Springer Nature 2019   31
G. Walz, *Eigenwerte und Eigenvektoren von Matrizen*, essentials,
https://doi.org/10.1007/978-3-658-25661-6_3

Haben Sie den Unterschied bemerkt? Beim Transponieren werden die Indizes vertauscht! Praktisch heißt das, dass die Elemente einer Matrix beim Transponieren an der Hauptdiagonalen gespiegelt werden. Definiert man beispielsweise die Matrix

$$A = \begin{pmatrix} 1 & 2 & 3 \\ 4 & 5 & 6 \\ 7 & 8 & 9 \end{pmatrix},$$

so ist

$$A^t = \begin{pmatrix} 1 & 4 & 7 \\ 2 & 5 & 8 \\ 3 & 6 & 9 \end{pmatrix}.$$

Das war nur das notwendige Vorgeplänkel für das Folgende:

Definition 3.2
Eine quadratische Matrix A heißt **symmetrisch,** wenn $A = A^t$ gilt.

Es gibt in der Mathematik wie in jeder anderen Wissenschaft so manche schlechte Bezeichnung, aber die der symmetrischen Matrix ist eigentlich sehr gut gewählt, denn anschaulich formuliert ist eine Matrix genau dann symmetrisch, wenn ihre Elemente spiegelsymmetrisch zur Hauptdiagonalen sind.

Beispielsweise sind die Matrizen

$$S_1 = \begin{pmatrix} 4 & 12 \\ 12 & 11 \end{pmatrix} \tag{3.1}$$

und

$$S_2 = \begin{pmatrix} 0 & -1 & 2 & 1 \\ -1 & 0 & 1 & 2 \\ 2 & 1 & 0 & -1 \\ 1 & 2 & -1 & 0 \end{pmatrix} \tag{3.2}$$

symmetrisch.

Die erste der oben angesprochenen „bemerkenswerten" Eigenschaften betrifft die Eigenwerte einer symmetrischen Matrix und kann wie folgt formuliert werden:

Satz 3.1

Eine symmetrische $(n \times n)$-Matrix hat n reelle Eigenwerte (die nicht unbedingt alle verschieden sein müssen).

Anders formuliert: Eine solche Matrix hat nur reelle Eigenwerte, keine komplexen. Testen wir diese Aussage an den beiden oben beispielhaft angegebenen Matrizen:

Beispiel 3.1

Das charakteristische Polynom der Matrix S_1 lautet

$$P_{S_1}(\lambda) = \lambda^2 - 15\lambda - 100,$$

es hat die Nullstellen

$$\lambda_1 = 20 \quad \text{und} \quad \lambda_2 = -5.$$

Es sind also zwei reelle Nullstellen, wie behauptet; hier sind sogar beide verschieden.

Zugegeben, das war noch nicht allzu so überzeugend, schließlich gibt es (2×2)-Matrizen, die nur reelle Eigenwerte haben, wie Sand am Meer, die müssen nicht unbedingt symmetrisch sein. Vielleicht beeindruckt Sie das folgende Beispiel mehr, in dem ich mich immerhin mit einer (4×4)-Matrix herumschlage.

Beispiel 3.2

Um das charakteristische Polynom der Matrix S_2 von oben zu finden, muss man

$$\det \begin{pmatrix} -\lambda & -1 & 2 & 1 \\ -1 & -\lambda & 1 & 2 \\ 2 & 1 & -\lambda & -1 \\ 1 & 2 & -1 & -\lambda \end{pmatrix} \tag{3.3}$$

berechnen. Ich hoffe, Sie sind nicht allzu böse, wenn ich hier die einzelnen Zwischenschritte auslasse und gleich das Ergebnis angebe; es lautet

$$P_{S_2}(\lambda) = \lambda^4 - 12\lambda^2 + 16\lambda \tag{3.4}$$

(Falls Sie mir doch böse sind: Fangen Sie einfach mal an zu rechnen und berechnen Sie die Determinante in (3.3). Sie werden sehen, schon nach wenigen Stunden und gefühlt 100 Rechenfehlern haben Sie das Ergebnis in (3.4) verifiziert.)

Wie dem auch sei, in jedem Fall hat das Polynom in (3.4) offensichtlich die Nullstelle $\lambda_1 = 0$. Dividiert man den Faktor λ aus, verbleibt das Polynom $\lambda^3 - 12\lambda + 16$. Es hat die Nullstelle $\lambda_2 = 2$. Erneutes Ausdividieren, diesmal des Faktors $(\lambda - 2)$, ergibt

$$(\lambda^3 - 12\lambda + 16) : (\lambda - 2) = \lambda^2 + 2\lambda - 8.$$

Mithilfe der p-q-Formel oder einer anderen Formel zur Lösung quadratischer Gleichungen findet man die Nullstellen $\lambda_3 = 2$ und $\lambda_4 = -4$ dieses Restpolynoms.

Insgesamt haben wir herausgefunden: Die Matrix S_2 hat, wie behauptet, nur reelle Eigenwerte, und zwar $\lambda_1 = 0$, $\lambda_2 = \lambda_3 = 2$ und $\lambda_4 = -4$. ∎

Soviel zunächst zu den Eigenwerten einer symmetrischen Matrix; in Hinblick auf die Eigenvektoren ist Folgendes zu sagen:

Satz 3.2

Sind v_1 und v_2 Eigenvektoren einer symmetrischen Matrix zu verschiedenen Eigenwerten, so stehen v_1 und v_2 senkrecht aufeinander.

Das ist eine zunächst sicherlich etwas überraschende geometrische Eigenschaft von Eigenvektoren: Zu Beginn dieses Textes hatten wir überlegt (na ja, ich, aber Sie hatten es sicherlich nachvollzogen), dass Eigenvektoren durch die Multiplikation mit der zugrunde liegenden Matrix nicht irgendwie in eine andere Richtung gebogen werden, sondern nur gestreckt oder gestaucht. In Satz 3.2 steht nun, dass diese Vektoren bei symmetrischen Matrizen noch zusätzlich nicht irgendwo im Raum herumliegen, sondern sogar paarweise senkrecht aufeinander stehen – und das tun sie nach der Multiplikation mit der Matrix natürlich immer noch, da sie ja nur gestreckt oder gestaucht wurden.

Lassen Sie uns nach diesem eher ~~nerdmäßig~~ philosophisch angehauchten Exkurs nun schnell zu handfest nachrechenbaren Beispielen gehen:

Beispiel 3.3

In Beispiel 3.1 hatten wir gesehen, dass die Matrix

$$S_1 = \begin{pmatrix} 4 & 12 \\ 12 & 11 \end{pmatrix}$$

die Eigenwerte $\lambda_1 = 20$ und $\lambda_2 = -5$ besitzt. Um einen Eigenvektor $v_1 = \begin{pmatrix} x \\ y \end{pmatrix}$ zu λ_1 zu ermitteln, muss man also das Gleichungssystem

$$-16x + 12y = 0$$
$$12x - 9y = 0$$

lösen. Man findet $x = 3$, $y = 4$ (oder Vielfache davon). Also ist

$$v_1 = \begin{pmatrix} 3 \\ 4 \end{pmatrix}$$

In gleicher Weise findet man zu $\lambda_2 = -5$ den Eigenvektor

$$v_2 = \begin{pmatrix} 4 \\ -3 \end{pmatrix},$$

und beispielsweise mit einer ~~präzisen~~ nicht allzu schludrig gezeichneten Skizze können Sie leicht nachprüfen, dass diese beiden Vektoren in der Ebene senkrecht aufeinander stehen. ∎

Beispiel 3.4

Zu bestimmen sind alle Eigenwerte und Eigenvektoren der Matrix

$$S_3 = \begin{pmatrix} 3 & 0 & 0 \\ 0 & 1 & -1 \\ 0 & -1 & 1 \end{pmatrix}$$

Das charakteristische Polynom lautet

$$p_{S_3}(\lambda) = \det \begin{pmatrix} 3-\lambda & 0 & 0 \\ 0 & 1-\lambda & -1 \\ 0 & -1 & 1-\lambda \end{pmatrix} = -\lambda^3 + 5\lambda^2 - 6\lambda,$$

wie Sie leicht nachrechnen können. Klammert man hier ein λ aus erhält man

$$p_{S_3}(\lambda) = (-\lambda^2 + 5\lambda - 6) \cdot \lambda$$

Offenbar hat es die Nullstelle $\lambda_1 = 0$, und beispielsweise mit der p-q-Formel findet man, dass die beiden Nullstellen des quadratischen Terms $\lambda_2 = 2$ und $\lambda_3 = 3$ sind. Die gesuchten Eigenwerte sind also

$$\lambda_1 = 0 \,, \ \lambda_2 = 2 \ \text{und} \ \lambda_3 = 3.$$

Die zugehörigen Eigenvektoren gebe ich direkt an, schließlich ist in diesem Text schon lange nichts mehr vom Himmel gefallen. Sie lauten – in dieser Reihenfolge –

$$v_1 = \begin{pmatrix} 0 \\ 1 \\ 1 \end{pmatrix} , \ v_2 = \begin{pmatrix} 0 \\ 1 \\ -1 \end{pmatrix} \ \text{und} \ v_3 = \begin{pmatrix} 1 \\ 0 \\ 0 \end{pmatrix}.$$

Beachten Sie übrigens, dass Sie im Gegensatz zum Herleiten das Verifizieren der Eigenvektoren recht schnell erledigen können, indem Sie die Gleichung $S_3 v = \lambda v$ nachrechnen. Und genau dazu möchte ich raten, ich kenne mich und meine Rechenkünste schließlich schon ein paar Jahre.

   Mit ein klein wenig mehr Aufwand als in Beispiel 3.3 kann man sehen, dass diese drei Vektoren paarweise senkrecht aufeinander stehen. ∎

3.2   Diagonalisierung

Ich kann es Ihnen – wie übrigens auch mir – leider nicht ersparen, ich benötige noch einen neuen Begriff, nämlich den der orthogonalen Matrix:

Definition 3.3
Man nennt eine quadratische Matrix O **orthogonale Matrix,** wenn ihre Spaltenvektoren paarweise senkrecht aufeinander stehen und die Länge 1 haben.

Besserwisserinfo
Diese Eigenschaft einer Menge von Vektoren nennt man auch **Orthonorma-
lität,** in diesem Sinne müsste eine solche Matrix also eigentlich ortho*normale*
Matrix heißen, aber das ist eher unüblich.

Eine der wichtigsten Eigenschaften orthogonaler Matrizen ist die folgende:

Satz 3.3
Es sei I_n die sogenannte n-reihige Einheitsmatrix, also

$$I_n = \begin{pmatrix} 1 & 0 & 0 & \cdots & 0 \\ 0 & 1 & 0 & \cdots & 0 \\ \vdots & \ddots & \ddots & \ddots & \vdots \\ \vdots & & \ddots & \ddots & 0 \\ 0 & 0 & \cdots & 0 & 1 \end{pmatrix}.$$

Mit dieser Bezeichnung gilt für jede orthogonale Matrix O:

$$O \cdot O^t = I_n.$$

Besserwisserinfo
Falls Sie bereits wissen, was man unter Invertierbarkeit und der Inversen
einer Matrix versteht, können Sie die Aussage das Satzes auch so lesen: Eine
orthogonale Matrix O ist immer invertierbar, und die Inverse ist gleich der
Transponierten, also $O^{-1} = O^t$.

Beispiel 3.5
Gönnen wir uns zwei Beispiele.

a) Die Matrix

$$O_1 = \begin{pmatrix} \frac{1}{\sqrt{2}} & \frac{1}{\sqrt{2}} \\ -\frac{1}{\sqrt{2}} & \frac{1}{\sqrt{2}} \end{pmatrix}$$

ist orthogonal: Die beiden Spaltenvektoren stehen offensichtlich senkrecht aufeinander, und beide haben auch die Länge 1, denn

$$L = \sqrt{\left(\frac{1}{\sqrt{2}}\right)^2 + \left(\frac{1}{\sqrt{2}}\right)^2} = \sqrt{\frac{1}{2} + \frac{1}{2}} = \sqrt{1} = 1.$$

Ihre Transponierte lautet

$$O_1^t = \begin{pmatrix} \frac{1}{\sqrt{2}} & -\frac{1}{\sqrt{2}} \\ \frac{1}{\sqrt{2}} & \frac{1}{\sqrt{2}} \end{pmatrix},$$

und tatsächlich ist

$$O_1 O_1^t = \begin{pmatrix} 1 & 0 \\ 0 & 1 \end{pmatrix}$$

b) Auch die Matrix

$$O_2 = \frac{1}{2} \begin{pmatrix} 1 & 1 & 1 & 1 \\ -1 & 1 & -1 & 1 \\ -1 & 1 & 1 & -1 \\ 1 & 1 & -1 & -1 \end{pmatrix}$$

ist orthogonal – das müssen Sie mir jetzt einfach mal glauben, fürchte ich. Die Transponierte lautet hier

$$O_2^t = \frac{1}{2} \begin{pmatrix} 1 & -1 & -1 & 1 \\ 1 & 1 & 1 & 1 \\ 1 & -1 & 1 & -1 \\ 1 & 1 & -1 & -1 \end{pmatrix},$$

und wie im Satz behauptet ist

$$O_2 O_2^t = \frac{1}{4} \begin{pmatrix} 4 & 0 & 0 & 0 \\ 0 & 4 & 0 & 0 \\ 0 & 0 & 4 & 0 \\ 0 & 0 & 0 & 4 \end{pmatrix} = \begin{pmatrix} 1 & 0 & 0 & 0 \\ 0 & 1 & 0 & 0 \\ 0 & 0 & 1 & 0 \\ 0 & 0 & 0 & 1 \end{pmatrix}$$

Falls Sie zu den ~~Wenigen~~ Glücklichen gehören, die diesen Text aufmerksam lesen und dabei auch noch mitdenken (OK, die Lektorin erteilt mir nach derartigen Bemerkungen üblicherweise drei Tage Schreibverbot), ist Ihnen sicherlich aufgefallen, dass in diesem ganzen Abschnitt noch nicht *ein*mal von symmetrischen Matrizen die Rede war, obwohl das ganze Kapitel diese Überschrift trägt. Das will ich nun ganz schnell ändern.

Satz 3.4

Für jede symmetrische $(n \times n)$-Matrix S gilt:

1. *S besitzt n paarweise orthogonale Eigenvektoren $v_1, v_2, \ldots, v_n$.*
2. *Normiert man diese Eigenvektoren auf Länge 1 und bildet aus diesen normierten (Spalten-)Vektoren eine Matrix O, so ist O eine orthogonale Matrix.*
3. *Es gilt*

$$O^t S O = D = \begin{pmatrix} \lambda_1 & 0 & 0 & \cdots & 0 \\ 0 & \lambda_2 & 0 & \cdots & 0 \\ \vdots & \ddots & \ddots & \ddots & \vdots \\ \vdots & & \ddots & \ddots & 0 \\ 0 & 0 & \cdots & 0 & \lambda_n \end{pmatrix}.$$

Hierbei sind $\lambda_1, \lambda_2, \ldots, \lambda_n$ die (nicht notwendigerweise verschiedenen) Eigenwerte von S.

Eine Matrix S, die diese Eigenschaft hat, nennt man **diagonalähnlich** oder **diagonalisierbar,** den unter 3. geschilderten Vorgang **Diagonalisierung.**

Es wird Sie kaum wundern, dass ich diesen Satz durch Beispiele illustriere; schließlich ~~werde ich in Euro pro Seite bezahlt~~ ist er die zentrale Aussage dieses Kapitels.

Beispiel 3.6

a) Fangen wir klein an: In Beispiel 3.3 hatten wir die Matrix

$$S_1 = \begin{pmatrix} 4 & 12 \\ 12 & 11 \end{pmatrix}$$

behandelt und festgestellt, dass sie die Eigenvektoren

$$v_1 = \begin{pmatrix} 3 \\ 4 \end{pmatrix} \quad \text{und} \quad v_2 = \begin{pmatrix} 4 \\ -3 \end{pmatrix}$$

besitzt, die auch senkrecht aufeinander stehen. Beide haben die Länge $\sqrt{3^2 + 4^2} = 5$, daher liefert die Normierung auf Länge 1 die Vektoren

$$\tilde{v}_1 = \begin{pmatrix} \frac{3}{5} \\ \frac{4}{5} \end{pmatrix} \quad \text{und} \quad \tilde{v}_2 = \begin{pmatrix} \frac{4}{5} \\ -\frac{3}{5} \end{pmatrix}.$$

Die im Satz genannte orthogonale Matrix ist somit

$$O_1 = \frac{1}{5} \begin{pmatrix} 3 & 4 \\ 4 & -3 \end{pmatrix}.$$

Hiermit erhalte ich bereits die folgende Diagonalisierung von S_1:

$$O_1^t S_1 O_1 = \frac{1}{5} \begin{pmatrix} 3 & 4 \\ 4 & -3 \end{pmatrix} \cdot \begin{pmatrix} 4 & 12 \\ 12 & 11 \end{pmatrix} \cdot \frac{1}{5} \begin{pmatrix} 3 & 4 \\ 4 & -3 \end{pmatrix}$$

$$= \frac{1}{25} \begin{pmatrix} 500 & 0 \\ 0 & -125 \end{pmatrix} = \begin{pmatrix} 20 & 0 \\ 0 & -5 \end{pmatrix},$$

und tatsächlich sind laut Beispiel 3.1 $\lambda_1 = 20$ und $\lambda_2 = -5$ die Eigenwerte von S_1.

b) Da ich inzwischen keine Kraft mehr dazu habe, mir neue Beispielmatrizen auszudenken, recycle ich eine weitere bereits untersuchte, nämlich die Matrix

$$S_3 = \begin{pmatrix} 3 & 0 & 0 \\ 0 & 1 & -1 \\ 0 & -1 & 1 \end{pmatrix}$$

aus Beispiel 3.4. Wenn Sie dieses durchgearbeitet haben (wenn nicht, haben Sie jetzt noch Gelegenheit), wissen Sie, dass sie die Eigenvektoren

$$v_1 = \begin{pmatrix} 0 \\ 1 \\ 1 \end{pmatrix}, \quad v_2 = \begin{pmatrix} 0 \\ 1 \\ -1 \end{pmatrix} \quad \text{und} \quad v_3 = \begin{pmatrix} 1 \\ 0 \\ 0 \end{pmatrix}$$

besitzt. Normierung dieser Vektoren liefert die orthogonale Matrix

$$O_3 = \begin{pmatrix} 0 & 0 & 1 \\ \frac{1}{\sqrt{2}} & \frac{1}{\sqrt{2}} & 0 \\ \frac{1}{\sqrt{2}} & -\frac{1}{\sqrt{2}} & 0 \end{pmatrix}.$$

Hiermit wiederum findet man die Diagonalisierung

$$O_3^t S_3 O_3 = \begin{pmatrix} 0 & \frac{1}{\sqrt{2}} & \frac{1}{\sqrt{2}} \\ 0 & \frac{1}{\sqrt{2}} & -\frac{1}{\sqrt{2}} \\ 1 & 0 & 0 \end{pmatrix} \cdot \begin{pmatrix} 3 & 0 & 0 \\ 0 & 1 & -1 \\ 0 & -1 & 1 \end{pmatrix} \cdot \begin{pmatrix} 0 & 0 & 1 \\ \frac{1}{\sqrt{2}} & \frac{1}{\sqrt{2}} & 0 \\ \frac{1}{\sqrt{2}} & -\frac{1}{\sqrt{2}} & 0 \end{pmatrix}$$

$$= \begin{pmatrix} 0 & 0 & 0 \\ 0 & \frac{2}{\sqrt{2}} & -\frac{2}{\sqrt{2}} \\ 3 & 0 & 0 \end{pmatrix} \cdot \begin{pmatrix} 0 & 0 & 1 \\ \frac{1}{\sqrt{2}} & \frac{1}{\sqrt{2}} & 0 \\ \frac{1}{\sqrt{2}} & -\frac{1}{\sqrt{2}} & 0 \end{pmatrix} = \begin{pmatrix} 0 & 0 & 0 \\ 0 & 2 & 0 \\ 0 & 0 & 3 \end{pmatrix}$$

in Übereinstimmung mit dem Ergebnis von Beispiel 3.4. ∎

Ich dachte mir, zum Abschluss konfrontiere ich Sie nochmal mit etwas richtig Großem. Im Kontext „Matrizenrechnung mit Hand" ist schon eine (4×4)-Matrix „richtig groß", und deshalb befasst sich das nächste und letzte Beispiel mit einer solchen.

Beispiel 3.7

Es soll die Diagonalisierung der Matrix

$$S_2 = \begin{pmatrix} 0 & -1 & 2 & 1 \\ -1 & 0 & 1 & 2 \\ 2 & 1 & 0 & -1 \\ 1 & 2 & -1 & 0 \end{pmatrix}$$

durchgeführt werden. In Beispiel 3.2 wurde bereits festgestellt, dass sie die Eigenwerte $\lambda_1 = 0$, $\lambda_2 = \lambda_3 = 2$ und $\lambda_4 = -4$ hat. In dieser Reihenfolge gehören hierzu die Eigenvektoren

$$v_1 = \begin{pmatrix} 1 \\ -1 \\ -1 \\ 1 \end{pmatrix}, \quad v_2 = \begin{pmatrix} 1 \\ 1 \\ 1 \\ 1 \end{pmatrix}, \quad v_3 = \begin{pmatrix} 1 \\ -1 \\ 1 \\ -1 \end{pmatrix} \text{ und } v_4 = \begin{pmatrix} 1 \\ 1 \\ -1 \\ -1 \end{pmatrix}$$

Diese kann man entweder durch Lösen eines linearen Gleichungssystems berechnen, oder einfach auf den Autor vertrauen, oder eben genau dieses nicht tun und lieber verifizieren.

Alle vier Eigenvektoren haben die Länge 2, Normierung liefert daher die orthogonale Matrix

$$\frac{1}{2} \begin{pmatrix} 1 & 1 & 1 & 1 \\ -1 & 1 & -1 & 1 \\ -1 & 1 & 1 & -1 \\ 1 & 1 & -1 & -1 \end{pmatrix}.$$

Das ist genau die Matrix O_2 aus Beispiel 3.5 b), wo man auch bequem ihre Transponierte ablesen kann.

Die gesuchte Diagonalisierung ist daher

$$O_2^t S_2 O_2 = \frac{1}{2} \begin{pmatrix} 1 & -1 & -1 & 1 \\ 1 & 1 & 1 & 1 \\ 1 & -1 & 1 & -1 \\ 1 & 1 & -1 & -1 \end{pmatrix} \cdot \begin{pmatrix} 0 & -1 & 2 & 1 \\ -1 & 0 & 1 & 2 \\ 2 & 1 & 0 & -1 \\ 1 & 2 & -1 & 0 \end{pmatrix} \cdot \frac{1}{2} \begin{pmatrix} 1 & 1 & 1 & 1 \\ -1 & 1 & -1 & 1 \\ -1 & 1 & 1 & -1 \\ 1 & 1 & -1 & -1 \end{pmatrix}$$

$$= \frac{1}{4} \begin{pmatrix} 0 & 0 & 0 & 0 \\ 2 & 2 & 2 & 2 \\ 2 & -2 & 2 & -2 \\ -4 & -4 & 4 & 4 \end{pmatrix} \cdot \begin{pmatrix} 1 & 1 & 1 & 1 \\ -1 & 1 & -1 & 1 \\ -1 & 1 & 1 & -1 \\ 1 & 1 & -1 & -1 \end{pmatrix}$$

$$= \frac{1}{4} \begin{pmatrix} 0 & 0 & 0 & 0 \\ 0 & 8 & 0 & 0 \\ 0 & 0 & 8 & 0 \\ 0 & 0 & 0 & -16 \end{pmatrix} = \begin{pmatrix} 0 & 0 & 0 & 0 \\ 0 & 2 & 0 & 0 \\ 0 & 0 & 2 & 0 \\ 0 & 0 & 0 & -4 \end{pmatrix}.$$

∎

Damit sind wir schon am Ende dieses Büchleins angelangt; ich würde es aber für eine didaktische Katastrophe halten, Sie mit dem gerade gesehenen Zahlengewimmel und ohne abschließende Worte zu entlassen.

Daher möchte ich Ihnen nochmal ganz kurz mit meinen eigenen einfachen Worten sagen, was Sie nach Durcharbeiten dieses Textes geleistet haben: Praktisch bei null beginnend – zumindest wenn Sie zu den im Untertitel angesprochenen Nichtmathematikern gehören – haben Sie im ersten Kapitel die Grundlagen der Vektor- und Matrizenrechnung einschließlich der Determinantenberechnung gelernt. Danach habe Sie erfahren, wie man Eigenwerte und darauf aufbauend Eigenvektoren quadratischer Matrizen berechnet und weiterhin so abgedrehte Begriffe wie algebraische und geometrische Vielfachheiten kennengelernt. Und schließlich wissen Sie nun auch, was orthogonale und symmetrische Matrizen sind, und wie man die Diagonalisierung der Letztgenannten vornimmt.

Das ist schon eine ganz ordentliche Leistung, auf die Sie da zurückblicken können, glauben Sie mir.

Was Sie aus diesem *essential* mitnehmen können

- Eine quadratische $(n \times n)$-Matrix besitzt bis zu n Eigenwerte, die man als Nullstellen ihres charakteristischen Polynoms berechnen kann
- Die zugehörigen Eigenvektoren bestimmt man durch Lösen eines Linearen Gleichungssystems
- Es gibt zwei verschiedene Arten von Vielfachheiten eines Eigenwerts, die algebraische und die geometrische Vielfachheit
- Symmetrische Matrizen kann man mithilfe ihrer Eigenvektoren stets diagonalisieren

© Springer Fachmedien Wiesbaden GmbH, ein Teil von Springer Nature 2019   45
G. Walz, *Eigenwerte und Eigenvektoren von Matrizen*, essentials,
https://doi.org/10.1007/978-3-658-25661-6

Literatur

Beutelspacher, A. (2013). *Lineare Algebra* (8. Aufl.). Heidelberg: Springer-Spektrum.
Bosch, S. (2014). *Lineare Algebra* (5. Aufl.). Heidelberg: Springer-Spektrum.
Fischer, G. (2013). *Lineare Algebra* (18. Aufl.). Heidelberg: Springer-Spektrum.
Jänich, K. (2013). *Lineare Algebra* (11. Aufl.). Heidelberg: Springer.
Walz, G. (2018). *Lineare Gleichungssysteme – Klartext für Nichtmathematiker*. Heidelberg: Springer-Spektrum.

© Springer Fachmedien Wiesbaden GmbH, ein Teil von Springer Nature 2019
G. Walz, *Eigenwerte und Eigenvektoren von Matrizen*, essentials,
https://doi.org/10.1007/978-3-658-25661-6